Carolin Töpfer

Kalifornien, Fruchtkorb der USA. Ein didaktischer Vorschlag

GRIN Verlag

Bibliografische Information der Deutschen Nationalbibliothek:

Die Deutsche Bibliothek verzeichnet diese Publikation in der Deutschen National-
bibliografie; detaillierte bibliografische Daten sind im Internet über http://dnb.d-
nb.de/ abrufbar.

Impressum:

Copyright © 2009 GRIN Verlag GmbH
Druck und Bindung: Books on Demand GmbH, Norderstedt Germany
ISBN: 978-3-656-54823-2

Dieses Buch bei GRIN:

http://www.grin.com/de/e-book/209085/kalifornien-fruchtkorb-der-usa-ein-didak-
tischer-vorschlag

FSU Jena

Institut für Geographiedidaktik

Unterrichtsreihenplanung

Fruchtkorb der USA

Ein didaktischer Vorschlag

Vorgelegt von: Carolin Töpfer

Inhalt

1) Themenfindung

   1.1 Relevanz nach Klafki

   1.2 Relevanz nach Lehrplan

2) Bezug auf Rahmenthemen

3) Lernziele

4) Methodendiakussion

5) Stoffverteilung im Überblick

6) Verlaufsplanung der Einstiegsstunde

7) Ergebnissicherung und Lernfortschritt

8) Hinweise und Ausblicke

Literaturverzeichnis

1   Themenfindung

1.1 Relevanz nach Klafki

Klafkis Didaktische Analyse soll hier angewandt werden, um die Bedeutung der Unterrichtseinheit „Kalifornien – Fruchtgarten der USA" zu erläutern.

Dieses Thema besitzt naturgemäß für die Schülerinnen und Schüler eine Gegenwartsbedeutung (KLAFKI 1997: 13). Schon das alltägliche Konsumieren und das Wissen um die unterschiedliche Herkunft der Früchte ermöglicht es den Lernenden, einen Zugang zu dem Thema zu finden. Es ist also möglich von der tatsächlichen Erfahrungswelt der Schülerinnnen und Schüler auf ein geographisches Thema zu schließen.

Da davon auszugehen ist, dass die Medien auch in Zukunft eine Fülle von Informationen über Kalifornien, die dortige Landwirtschaft und den amerikanischen Fruchtkorb im Allgemeinen verbreiten werden, ist es den Schülerinnen und Schülern nach der Bearbeitung dieses Themenfeldes zunächst möglich, derartige Informationen und Meldungen fundierter zu bewerten und eine eigene Meinung begründet zu entwickeln. Außerdem wird es den Lernenden möglich sein, das erworbene Grundwissen auch auf andere Regionen anzuwenden und somit die dortigen landwirtschaftlichen Verhältnisse schneller in ihren Zusammenhängen erfassen zu können. Dieses Thema hat also für die Schülerinnen und Schüler Zukunftsbedeutung (KLAFKI 1997: 17).

In diesem Zusammenhang ergibt sich auch die Exemplarische Bedeutung (KLAFKI 1997: 20). Durch die intensive Bearbeitung des Beispiels Kalifornien als Fruchtkorb der USA, erwerben die Lernenden ein Grundwissen, welches sie auf andere Regionen beziehen und bei anderen Problemstellungen (z. B. Landwirtschaft in Europa und die EU) anwenden können.

Die Zugänglichkeit zu dem Thema (KLAFKI 1979: 26) erfolgt durch eine Reihe von Bildern, die die Schülerinnen und Schüler zunächst für Thematik öffnen und gleichzeitig auf einzelne Kontroversitäten aufmerksam machen sollen. Des Weiteren befinden sich an den einzelnen Stationen Informationen, die in ihrem Anspruch ausgewogen. Nicht zuletzt wird auch durch die Art und Weise der Gruppeneinteilung (mittels Früchte, die in Kalifornien angebaut werden), für die Lernenden der Zugang zu dem Thema erleichtert.

Die Struktur des Themas (KLAFKI 1979: 28) berührt drei Problemfelder; die „Fruchtkorbproblematik", die Wasserproblematik und die Stadt-Land-Problematik. Um eine ausgewogene Bearbeitung dieser drei Felder zu gewährleisten, empfiehlt sich die Stationsarbeit. Jede Station wird zunächst von einer Großgruppe bearbeitet, die sich dann wiederum für die eigentliche Arbeitsphase in Zweiergruppen aufteilt und schließlich für die Formulierung von zwei bis drei Thesen bezüglich der entsprechenden Station wieder zusammenkommt.

1.2 Relevanz nach Lehrplan

Die Unterrichtsgestaltung dieses Themengebietes orientiert sich an den Vorgaben des Thüringer Lehrplans für das Gymnasium aus dem Jahr 1999. Im ersten Kapitel werden dort verschiedene Leitaspekte des Geographieunterrichts formuliert. So werden auch Orientierungshinweise für die Unterrichtsgestaltung gegeben.

Der Verweis auf die alltägliche Konsumerfahrung der Schülerinnen und Schüler und auch die Art und Weise der Gruppeneinteilung erleichtert es, an die geistigen Voraussetzungen und an die Erfahrungswelt der Lernenden anzuknüpfen. Die Präsentation der Bilder zur Themeneinführung erhöht zudem die Anschaulichkeit und erleichtert dem Kurs somit den Einstieg. Ein Unterrichtsgespräch während der Einstiegsphase, die anschließende Stationsarbeit in Zweiergruppen und die Aufstellung der Stationsthesen in größeren Gruppen ermöglicht es den Schülerinnen und Schülern in verschiedenen Sozialformen zu arbeiten, bevor am Ende der Themeneinheit die Ergebnisse wieder im Unterrichtsgespräch diskutiert werden. Es wird den Schülerinnen und Schülern somit ermöglicht, nicht nur im traditionellen Lehrer-Schüler-Gespräch zu kommunizieren, sondern auch mit den Gruppenmitgliedern und Partnern in die Diskussion einzusteigen. Da die Lernenden aber auch dazu angehalten werden eine Gesamtreflexion zu schreiben, wird somit Wert auf den angemessenen Umgang mit der deutschen Sprache gelegt. Wenngleich es an den verschiedenen Stationen auch Arbeitsblätter geben wird, die nur Kurzantworten verlangen, so wird das Verhältnis von einem ausformulierten Text und Stichworten ausgewogen sein.

Bei der Planung zu diesem Thema spielten die im Thüringer Lehrplan angeführten didaktischen Prinzipien eine große Rolle. Zunächst beinhaltet die Struktur der Stationsarbeit ein hohes Maß an Schülerorientierung. Zwar verlangen einzelne Aufgaben an den Stationen geschlossene Antworten, jedoch gibt es auch Aufgabenstellungen, die es den Schülerinnen und Schülern ermöglichen selbstständig und weiter zu denken. Außerdem wird es den

Lernenden ermöglicht, sich an den Stationen einzelne Themenschwerpunkte – in Absprache mit den anderen Gruppenmitgliedern – selbst zu wählen. Die Gesamtreflexion am Ende der Stationsarbeit bietet dem Kurs abschließend die Möglichkeit selbstständig die bearbeiteten Inhalte und auch die erfahrene Unterrichtsmethode zu bewerten. Des Weiteren wird mit diesem Thema an die Erfahrungswelt der Schülerinnen und Schüler angeknüpft, wodurch es zunächst einmal zu einer Sensibilisierung für die Komplexität dieses Themas kommen kann. Es wird den Lernenden verdeutlicht, wie viele Faktoren bei der Analyse und Bewertung des Fruchtkorbs der USA als Beispielregion für intensive Landwirtschaft berücksichtigt werden müssen. Von den physisch- geographischen Voraussetzungen, über die Problematik der Bewässerung gerade im Kalifornischen Längstal bis hin zu den Folgen der intensiven Landwirtschaft bearbeiten die Schülerinnen und Schüler Aspekte, die ihr Problembewusstsein bei dieser Thematik wachsen lassen. Auch das Prinzip der Handlungsorientierung wird beachtet. Durch die Konzeption der einzelnen Stationen wird es den Lernenden ermöglicht, sich auf verschiedene Art und Weise zu betätigen. Es wird davon abgesehen, Arbeitsblätter nur mit Stichwörtern ausfüllen zu lassen. Viel mehr sollen die Schülerinnen und Schüler die Möglichkeit bekommen, ihre eigenen Lösungen auch auf ihre eigene Art festzuhalten. Auch die Gruppendiskussion am Ende der jeweiligen Station kann als handlungsorientiert bezeichnet werden. Die Schülerinnen und Schüler müssen ergebnisorientiert diskutieren und als Gruppe zu einem Ergebnis – den entsprechenden Thesen – kommen.

2 Bezug auf Rahmenthemen

Ausgehend von dem Thüringer Lehrplan für das Gymnasium aus dem Jahr 2009 kann das Thema „Kalifornien - Fruchtkorb der USA" in der geplanten Art und Weise der Umsetzung in die Kurstufe mit erhöhtem Anforderungsniveau gelegt werden. Hierfür bietet sich das Schulhalbjahr 11.1 (3.2.1 Die Tragfähigkeit der Erde – natürliche Grundlagen, Nutzen, Grenzen, nachhaltige Entwicklung) an. Der Lehrplan schreibt vor, dass die Schülerinnen und Schüler Kenntnisse zu dem System der geographischen Zonen und ihrer Belastbarkeit erwerben sollen. In diesem Zusammenhang wäre es möglich, den Fruchtkorb der USA als Beispiel für intensive Landwirtschaft zu untersuchen und mit diesem Grundwissen andere Regionen zu untersuchen. In abgewandelter Form, könnte dieses Thema auch in der Klassenstufe neun behandelt werden, wenn sich die Schülerinnen und Schüler mit Angloamerika beschäftigen.

Im Curriculum 2000+ wird beschrieben, wie zentral „Räumlichkeit" in der Geographie ist und unter welchen vier Perspektiven Raum beschrieben werden kann. So kann auch das Kalifornische Längstal als Fruchtkorb der USA aus diesen verschiedenen Blickwinkeln betrachtet werden. Geht man davon aus, dass das Kalifornische Längstal der „Container" (Curriculum 2000+: 5) ist, so befindet sich der „Fruchtkorb" in jenem Container, wenngleich festzuhalten bleibt, dass der „Fruchtkorb" keine konkret- dingliche Gestalt in der Welt ist, sondern ein soziales (Wirtschafts-) Konstrukt. Aus der Perspektive „Raum als Lagebeziehung" (Curriculum 2000+: 6) lassen sich Gunstfaktoren ausmachen, die das Kalifornische Längstal von anderen möglichen Anbaugebieten abgrenzen. Hierfür sind als Beispiele die günstigen Temperaturen, eine in Kalifornien gegegebene finanzielle Stabilität und auch die Nähe zu den Metropolen der amerikanischen Westküste anzuführen. Betrachtet man „Raum als Sinneswwahrnehmung" (Curriculum 2000+: 6) müssen hiefür auch verschiedene Perspektiven eingenommen werden. Menschen, deren Arbeitsplatz unmittelbar an den Anbau und den Vertrieb der Früchte gebunden ist, nehmen das Kalifornische Längstal auf eine andere Art und Weise wahr, als Bewohner der amerikanischen Ostküste, die jene Früchte nur konsumieren. Menschen, die sich wissenschaftlich mit der kalifornischen Wirtschaftsstruktur beschäftigen, sehen diesen Raum ebenfalls aus einer anderen Perspektive. In diesem Zusammenhang ergibt sich die vierte Perspektive; „Raum als Konstrukt" (Curriculum 2000+: 6). Betrachtet man allein das Bewässerungssystem in diesem eigentlich relativ wasserarmen Gebiet, so erkennt man die technische Kontruiertheit des Fruchtkorbs der USA. Nicht nur durch die dort entstandenen Arbeitsplätze und die politisch-wirthschaftliche Bedeutung für die gesamten USA ist das Kalifornische Längstal auch als soziales Konstrukt zu bezeichnen.

Die Bildungsstandards für Geographie formulieren sechs Kompetenzen, die im Geographieunterricht geschult werden sollen. Zwar können nicht immer alle Kompetenzen zu gleichen Teilen bei jedem Thema Beachtung finden, dennoch sollte ein ausgewogenes verhältnis entstehen. Auch bei der Bearbeitung dieses Themas wird darauf Wert gelegt, dass die Schülerinnen und Schüler ihre Fähigkeiten und Fertigkeiten aus mehreren Gebieten einsetzen und weiterschulen. So wird unter anderem die Kompetenz der räumlichen Orientierung (DGfG 2007: 20) zunächst durch die simple Verortung des Kalifornischen Längstals zu Beginn der Unterrichtsreihe geschult. Des Weiteren werden an den verschiedenen Stationen Karten zur Verfügung stehen, mithilfe derer die Lernenden bestimmte Aufgaben bearbeiten sollen. Hierbei wird vorausgesetzt, dass die Schülerinnen und

Schüler mit Maßstäben und thematischen Karten umgehen können. Im Kompetenzbereich Fachwissen (DGfG 2007: 15) berührt dieses Thema den zentralen Gegenstand der Geographie: das Zusammenspiel von natur- und gesellschaftswissenschaftlichen Aspekten. Eine grundlegende Geofaktorenanalyse, die als Aufgabe an allen drei Stationennzu finden sein wird, verdeutlicht den Schülerinnen und Schülern zunächst die Struktur des Raumes. Wenn sich die Lernenden an Station 2 dann auch mit potentiell-natürlicher Vegetation im Zusammenspiel mit der Klimaanalyse beschäftigen und schließlich die Bewässerungsproblematik anylysieren, wird offengelegt, dass jedes Element auch eine bestimmte Funktion hat und mit anderen Elementen in Verbindung steht. Anhand der Station 3, wenn es um die intensive Landwirtschaft geht, kann den Schülerinnen und Schülern erklärt werden, dass jeder Raum einem Prozesscharakter aufweist und einer ständigen Veränderung unterliegt – auch, aber nicht nur anthropogen verursacht. An den einzelnen Stationen wird Material zur Verfgung gestellt, um die jeweiligen Aufgaben bearbeiten zu können. Für den Geographieunterricht ist es typisch, dass die die Informationen aus einer Vielzahl von Quellen stammen (Internet, Sachbücher, Atlanten, Zeitungsartikel etc.). Bei dieser Unterrichtseinheit obliegt es dann der Methodenkompetenz (DGfG 2007: 22) der Schülerinnen und Schüler die Informationen aus den einzlenen Quellen zu extrahieren und sinnvoll die Beantwortung der Fragen zu integrieren. Zugleich wird also ein mitunter hohes Maß an Beurteilungskompetenz (DGfG 2007: 28) vorausgesetzt. Die Lernenden müssen mit der unterschiedlichen Aussagekraft von Statisken und thematischen Karten umgehen können, um die einzelnen Aufgaben bearbeiten zu können. Es wird in den Bildungsstandards formuliert, wie zentral die Kommunikationsfähigkeit der Schülerinnen und Schüler auch, aber nicht nur im Geographieunterricht ist (DGfG 2007: 26). Bei dieser Stationsarbeit nimmt die Kommunikation im Unterricht eine zentrale Rolle ein. Von den Lernenden wird verlangt, sich zunächst mit einem Aspekt der entsprechenden Station zu beschäftigen und diesen im Anschluss den Teammitgliedern zu erläuertn, sodass die Gruppe gemeinsam die Thesen für das jeweilige Thema formulieren kann. Alles in allem dient diese Unterrichtseinheit zunächst der Erweiterung des Fachwissens der Schülerinnen und Schüler, mithilfe dessen sie künftig komplexe Probleme nicht nur erkennen, sondern auch aktiv zu deren Lösung beitragen können. Des Weiteren zielt die Stationsarbeit darauf ab, bei dem Kurs Interesse und Motivation (DGfG 2007: 30) zu wecken, sodass zumindest die Möglichkeit besteht, dass die Schülerinnen und Schüler sich in Zukunft an der Lösung von Bewässerungsproblemen und Problemen der intensiven Landwirtschaft beteiligen

3 Lernziele

Grobziel

Die Schülerinnen und Schüler entwickeln eine Vorstellung von der Funktionsweise des „Fruchtkorbs der USA" und erkennen dessen Vielschichtigkeit in physisch- und wirtschaftsgeographischer Hinsicht.

Lernziel für die Sachkompetenz

Die Lernenden kennen Merkmale des Fruchtkorbs der USA, die Probleme bei dessen Bewässerung und die Vor-und Nachteile intensiver Landwirtschaft.

Lernziel für die Methodenkompetenz

Die Schülerinnen und Schüler erkennen wichtige Informationen aus dem ihnen zur Verfügung stehenden Material und können diese für die Bearbeitung der einzelnen Aufgaben nutzen.

Lernziel für die Sozialkompetenz

Die Lernenden praktizieren während der Stationsarbeit Partner- bzw. Gruppenarbeit. Sie können während der jeweils abschließenden Gruppendiskussion Toleranz gegenüber anderen Meinungen zeigen.

Lernziel für die Selbstkompetenz

Die Schülerinnen und Schüler zeigen Konzentrationsfähigkeit während der Arbeitsphasen. Durch die Notwendigkeit eigene Ergebnisse zu liefern, um diese in die jeweils abschließende Gruppendiskussion für die Erstellung der Thesen einzubauen, zeigen die Lernenden ihre Belastbarkeit.

4 Methodendiskussion

Als Unterrichtsmethode wählten wir das Lernen an Stationen bzw. die Stationenarbeit. Hierbei handelt es sich um eine Form des offenen Unterrichts. Stationenarbeit hat ihren Ursprung im Bereich des Sports, wurde dann zunächst auf die Lernbereiche der Grundschule übertragen, bevor auch die Lehrerinnen und Lehrer der Sekundarstufen diese Unterrichtsmethode häufiger verwendeten (HEGELE 2008: 61). Für die Arbeit an Stationen wird ein größeres Thema in kleinere Teilaspekte differenziert und die Schülerinnen und

Schüler bearbeiten die einzelnen Aufgaben selbstständig bzw. in Gruppen. An den einzelnen Stationen sollten die Lernenden also nicht nur die entsprechenden Aufgabenstellungen finden, sondern auch einen grundlegenden Materialfundus, um sich dem Thema nähern zu können (HEGELE 2008: 63). Häufig werden an den einzelnen Stationen Aufgaben mit variierendem Schwierigkeitsgrad angeboten. Dies ist auch bei unserem Thema möglich und erhöht gleichzeitig die Verantwortung der Gruppenmitglieder füreinander. Jeder muss entscheiden, ob er den ausgesuchten Aspekt auch zur Zufriedenheit aller bearbeiten kann. Falls dies nicht der Fall sein sollte, so kann die Verantwortung auf die gesamte Gruppe verteilt werden, indem sie sich gemeinsam der entsprechenden Aufgabe widmet. Ein großer Vorteil der Stationenarbeit ist demnach die Wichtigkeit der Sozialkompetenz. Die Lernenden können gemeinsam zu einem Ergebnis kommen und bemühen sich, eventuelle Konflikte selbst zu lösen. Somit werden während dieser Arbeitsphase – neben fachlichen Kompetenzen – auch Fähigkeiten geschult, die für die moderne Gesellschaft unerlässlich sind (HEGELE 2008: 61). Zwar ist ein Merkmal des traditionellen Lernens an Stationen, die den Schülerinnen und Schülern ermöglichte Selbstkontrolle, doch soll in dieser Unterrichtseinheit darauf verzichtet werden. Viel mehr soll darauf geachtet werden, dass den Lernenden an den einzelnen Stationen vielseitiges und umfangreiches Material zur Verfügung steht, sodass die Gruppen und damit auch verschiedenen Lerntypen die jeweiligen Aufgaben erfolgreich bearbeiten können. Eine Kontrolle der Ergebnisse erfolgt nach der Arbeitsphase durch die Lehrperson. Lernen ist ein konstruktivistischer Prozess und daher kann davon ausgegangen werden, dass eine erhöhte Eigentätigkeit der Schülerinnen und Schüler im Lernprozess zu nachhaltigeren Erfolgen führen wird (HEGELE 2008: 64). Auch die Rolle der Lehrperson ist eine veränderte während der Stationenarbeit. Es wird nicht der kontrollierende Moderator verlangt, sondern eher ein Berater, der auch den individuellen Lernprozess der Schülerinnen und Schüler beobachten kann.

Aus diesen Gründen entschieden wir uns für die Methode der Stationenarbeit. Eine Alternative für die Erarbeitung dieses Themas ist, neben dem immer anwendbaren Frontalunterricht, die Podiumsdiskussion. Doch waren wir der Meinung, dass den Schülerinnen und Schülern auch methodische Vielfalt geboten werden sollte und die Podiumsdiskussion in der Kursstufe sicher häufiger zum Einsatz kommt als die Stationenarbeit.

5 Stoffverteilung im Überblick

Thema: „Kalifornien – Fruchtgarten der USA"

Klassenstufe 11 / EA   Zeitrahmen: 8 Unterrichtstunden

Std	Inhalt	Methode / Lehrer- und Schüleraktivität	Bemerkungen
1	Einführung in die Thematik	o UG – Bildimpulse als Hinführung zur Thematik o Gruppenbildung o LV zur Methode des Portfolios o UG mit dem Kurs, um Details der Arbeitsphase zu besprechen	Zeitplan der Stunde sollte nicht zu eng gefasst werden, um den SuS genügend Zeit für eventuelle Fragen zu geben.
2-7	Stationsarbeit	o pro Doppelstd. bearbeiten die SuS je eine Station, sie teilen für die Bearbeitung der Einzelaspekte in Zweierteams auf und formulieren anschließend als Gruppe pro Station zwei bis drei Thesen, die am Ende jeder Doppelstunde eingesammelt werden	Es sollte auf die passenden Räumlichkeiten geachtet werden, damit sich die Gruppen verteilen können.
8	Abschluss der Thematik	o im UG erfolgt zunächst die allgemeine Auswertung in fachlicher Hinsicht; die einzelnen Stationen werden im Zusammenhang betrachtet o den SUS wird die Möglichkeit gegeben die Methode der Stationsarbeit im UG auszuwerten, Kritik und Verbesserungsvorschläge zu äußern	Evaluation der Stationsarbeit kann im UG erfolgen oder alternativ durch anonyme Reflexionsbögen – die verbleibende Zeit muss hier beachtet werden

		o gemeinsam wird der Termin für die Abgabe des Portfolios festgelegt	
	Portfolio	o Sus geben 2 Wochen nach Ende der Stationsarbeit das Portfolio ab o wenn das Portfolio zurückgegeben wird, ist eine Auswertung im UG sinnvoll, um allgemein aufgetretene Probleme zu besprechen	

6 Verlaufsplanug der Einstiegsstunde

Kurs: 11/ EA   erste Stunde: 08:00 – 08:45Uhr

Zeit	Phase und Sozialform	Inhalt und Methode	Medien und Material
08:00 (ca. 7min)	Begrüßung; Motivation UG	L fragt nach den Ferienerlebnissen der S L lädt S auf eine gedankliche Reise ein → zeigt die Bilder PPP Aufgabe für die S: *auf Besonderheiten, Kontroversitäten der Bilderpaare achten (S entscheiden selbst, ob sie sich Notizen machen)*	Laptop und Beamer Bilderauswahl nach eigener Zusammenstellung
ca. 08:07Uhr (15min)	Auswertung der Bildimpulse UG	L fragt zunächst, welchem Bundesstaat die Bilder zuzuordnen seien → *für räumliche Orientierung* anschließend werden die beobachteten Besonderheiten ausgewertet → Wie kann unter den kalifornischen Klimaverhältnissen derartige LW betrieben werden? Welche Folgen hat diese LW? etc.	bei der Frage nach dem Bundesstaat wird Song „California" von Phantom Planet eingespielt → lockert die Lernantmosphäre auf
ca. 08:20Uhr (ca. 15min)	Vorbereitung Stationsarbeit	L erklärt die Planung für die nächsten 6 Stunden → Konzept der Stationsarbeit, Aufgaben, Ziele etc. S wird die Möglichkeit gegeben Fragen zur Organisation zu stellen → Details können in Absprache mit dem Kurs	PPP → Hinweise zum Konzept der Stationsarbeit, den Aufgaben und der Zielstellung werden für die Sus sichtbar gemacht

		geändert werden	
ca. 08:35Uhr (ca. 10min)	Gruppenein-teilung	jeder S kann sich eine Frucht nehmen → drei stehen zur Auswahl (im Idealfall: Früchte, die in Kalifornien angebaut werden) Gruppeneiteilung: alle SuS mit der gleichen Frucht bilden eine Gruppe am Ende der Std finden sich die Gruppen zum ersten Mal zusammen und bilden die Zweierteams	L bringt Früchte mit (entweder tatsächliches Obst oder Fruchtgummibären als Alternative) → alernative Gruppeneinteilung lässt Teams zufällig entstehen

Abkürzungen: L = LehrerIn / S= SchülerIn / SuS = Schülerinnen und Schüler /

UG = Unterrichtsgespräch / PPP = Power Point Präsentation

7 Ergebnissicherung und Lernfortschritt

Um den Lernfortschritt und auch die Kompetenzentwicklung zu sichern, entschieden wir uns für die Methode des Portfolios. Hierbei handelt es sich im Wesentlichen um eine Sammlung von Unterlagen, die die Leistungen der Schülerinnen und Schüler reflektieren, vor allem aber deren persönlichen Lernfortschritt dokumentieren (PFEIFER 2007: 36). Zunächst ist es wichtig, mit den Lernenden zu besprechen, was unter einem Portfolio zu verstehen ist und welche genauen Anforderungen in dem aktuellen Unterrichtskontext gestellt werden (PFEIFER 2007: 36). Es besteht die Möglichkeit, dass die Schülerinnen und Schüler zum ersten Mal mit dieser Methode der Ergebnissicherung in Berührung kommen und daher sollte die Lehrperson darauf achten, ausreichend Zeit für die Klärung eventueller Fragen zur Struktur des Portfolios einzuplanen. Um zu verhindern, dass das Portfolio zu einer simplen Sammlung von Lösungsblättern wird, halten wir es für sinnvoll, die Lernenden indirekt in den Bewertungsprozess mit einzubeziehen. Hier ist möglich, die Schülerinnen und Schüler selbst entscheiden zu lassen, welche Aufgaben bewertet werden sollen. Im Vorfeld würde man dann mit dem gesamten Kurs eine Minimalzahl von Aufgaben festlegen, die für die Zensierung in jedem Portfolio zu finden sein sollte.

In unserem Beispiel kann davon ausgegangen werden, dass anhand der Qualität der Lösungen zu den einzelnen Stationen ein Wissenszuwachs erkennbar wird. Je länger sich die Schülerinnen und Schüler mit den verschiedenen Teilaspekten des Themas beschäftigen, desto umfassender wird ihr Verständnis der Gesamtproblematik werden. An dieser Stelle ist es für uns von primärer Bedeutung, jenes Problembewusstsein bei den Lernenden hervorzurufen. Tatsächliche und handfeste Lösungen zu den Folgen der intensiven Landwirtschaft können und werden nicht erwartet. Um den Schülerinnen und Schülern schließlich auch noch die Möglichkeit zu geben, dieses Gesamtverständnis zu artikulieren und gleichzeitig die eventuell unübliche Methode der Stationenarbeit zu evaluieren, soll sich in jedem Portfolio eine abschließende Reflexion der Unterrichtseinheit befinden.

Die Lernenden arbeiten jeweils in Zweierteams, was eine hohe Verantwortung gegenüber dem eigenen Teammitglied bedeutet. Fühlen sich Lernende allerdings unwohl mit dieser Einteilung, so ist es ihnen möglich ein Portfolio auch allein zu erstellen.

8 Hinweise und Ausblicke

Im Seminar stellten wir die Einführungsstunde zu dieser Thematik näher vor. Während der Diskussion im Anschluss arbeiteten wir im Plenum heraus, dass die Fragestellungen während der Einführungsphase zielgerichtet formuliert sein sollten. So sollte beispielsweise die Frage nach dem Urlaub der Schülerinnen und Schüler nicht unkommentiert im Raum bleiben, sondern als Anlass für die gedankliche Reise in die USA genommen werden. Auch ist es für den Kurs wichtig präzise Aufgabenstellungen zu bekommen. Wenn am Anfang der Stunde die verschiedenen Bilder gezeigt werden, ist es sinnvoll den Lernenden einen kleineren Auftrag zu geben, der ihre Beobachtungen lenkt. Es wäre möglich, sie zu bitten auf Besonderheiten und auf markante Unterschiede zwischen den einzelnen Fotos zu achten. Werden im Anschluss daran die Bilder und Eindrücke ausgewertet, sollte sich die Lehrperson außerdem genug Zeit nehmen, um den zentralen Begriff des „Fruchtkorbs der USA" einzuführen. Außerdem ist es wichtig, gemeinsam mit den Schülerinnen und Schülern die Vorgehensweise für die nächsten Stunden zu besprechen. Ihnen sollte also nicht nur die Möglichkeit gegeben werden, Fragen zur Organisation zu stellen, sondern auch ihr Mitspracherecht einzufordern, indem bestimmte Details erst während der Einführungsstunde im Plenum festgelegt werden. Bevor die Lernenden dann in die Stationenarbeit entlassen werden, ist es sinnvoll die Problemorientierung jeder einzelnen Station schon einmal aufzuzeigen und somit ein größeres Gesamtbild anzudeuten, welches die Lernenden erst im Verlauf des Arbeitsprozesses verinnerlichen.

Diese Unterrichtsreihe kann als Ausgangspunkt genommen werden, um im Anschluss andere Formen der Landwirtschaft zu analysieren und mit der amerikanischen im Kalifornischen Längstal zu vergleichen (z. B. Landwirtschaft in China). Eine andere Möglichkeit wäre, sich im Anschluss an diese Thematik mit den Welthandelsstrukturen zu beschäftigen und den Export der kalifornischen Früchte dafür als Ausgangspunkt zu nutzen.

Literaturverzeichnis

Arbeitsgruppe Curriculum 2000+ und Deutsche Gesellschaft für Geographie (2002): Grundsätze und Empfehlungen für die Lehrplanarbeit im Schulfach Geographie, S. 3-11.

Deutsche Gesellschaft für Geographie (2007): Bildungsstandards im Fach Geographie für den Mittleren Schulabschluss mit Aufgabenbeispielen, S. 8-29.

HEGELE, I. (2008): Stationenarbeit. Ein Einstieg in den offenen Unterricht. In: WIEHCHMANN, J. (Hrsg.): Zwölf Unterrichtsmethoden. Vielfalt für die Praxis. Weinheim: Beltz, 61-70.

KLAFKI, W. (1997[9]): Die bildungstheoretische Didaktik. In: GUDJONS, H. & R. WINKEL (HRSG.): Didaktische Theorien. Hamburg, S. 13-34.

PFEIFER, S. & J. KRIEBEL (2007): Lernen mit Portfolios. Neue Wege des selbstgesteuerten Arbeitens in der Schule. Göttingen: Vandenhoeck & Ruprecht, S. 35-40.

Thüringer Kultusminsterium (2009): Ziele und inhaltliche Orientierung für die Qualifikationsphase der gymnasialen Oberstufe, S. 11-15.